DEUTSCHE AKADEMIE DER WISSENSCHAFTEN ZU BERLIN

Veröffentlichungen des Geodätischen Institutes in Potsdam

Nr. 8

Das Minimumsprinzip für die Geoidundulationen bei der Bearbeitung astronomisch-geodätischer Netze

VON

KURT ARNOLD

1 9 5 5

AKADEMIE-VERLAG · BERLIN

Erschienen im Akademie-Verlag GmbH., Berlin W 8, Mohrenstraße 39
Lizenz-Nr. 202 · 100/367/54
Gedruckt in der Buchdruckerei F. Mitzlaff KG., Rudolstadt i. Thür. V-14-7 (1127)
Bestell- und Verlagsnummer: 2016/8
Preis: 2,50 DM
Printed in Germany

Einleitung

Die vorliegende Arbeit befaßt sich mit dem Problem der Bestimmung der optimalen Lage eines astronomisch-geodätischen Netzes auf dem Referenzellipsoid und mit dem grundlegenden Prinzip zur Bestimmung der Dimensionen des günstigsten Erdellipsoides aus astronomisch-geodätischen Systemen. Es wird dabei ausgegangen von einer konsequenten Beachtung des Prinzips der Projektion durch die Ellipsoidnormale, durch die die Punkte auf dem Geoid in ihre entsprechenden Bildpunkte auf dem Erdellipsoid abgebildet werden. Die günstigste relative Lage zwischen dem Geoid und dem Ellipsoid suchen wir dadurch zu erreichen, daß wir die Summe der Quadrate gleichmäßig verteilter Geoidundulationen zu einem Minimum machen. Bei der Durchführung dieses Minimumsprinzips ändern sich natürlicherweise im allgemeinen die Lotabweichungen und die Dimensionen des Referenzellipsoides, es ändern sich aber nicht die geometrischen Beziehungen auf dem Geoid und die Gestalt des Geoides selbst und es bleibt das Prinzip der Projektion durch die Ellipsoidnormale in aller Strenge gewahrt. Es wird angenommen, daß die Beobachtungen an der physischen Erdoberfläche durch eine Projektion mit Hilfe der Geoidnormalen auf das Geoid reduziert worden sind.

In isostatisch ausgeglichenen Gebieten wird es sich empfehlen, bei der Bestimmung des Geoides von isostatisch reduzierten Lotabweichungen auszugehen oder an den Geoidundulationen isostatische Reduktionen, die sich auf das isostatisch reduzierte Geoid beziehen, anzubringen. (Es kann heute als erwiesen gelten, daß der größte Teil der Erdkruste sich in groben Zügen im isostatischen Gleichgewicht befindet.)

In die „Verbesserungsgleichungen" haben wir nicht wie üblich die Lotabweichungskomponenten des Zentralpunktes als Unbekannte eingeführt, sondern die Translationskomponenten des Geoidflächenstückes. Hierdurch wurden für die Durchführung des Minimumsprinzips wesentliche rechentechnische Vereinfachungen erzielt. Für die Ermittlung der neuen Lotabweichungen nach der Durchführung des Minimumsprinzips für die Geoidundulationen habe ich die notwendigen Differentialentwicklungen nach den Unbekannten der Ausgleichung angegeben. Die in der vorstehenden Arbeit angegebenen Gleichungen (21), (22) empfehlen sich auch für eine Lotabweichungsausgleichung, bei der die Summe der Quadrate der Lotabweichungen zu einem Minimum gemacht wird, und bei der das Prinzip der Projektion durch die Ellipsoidnormale angewandt wird.

Schon heute berücksichtigt man bei der Bearbeitung großer geodätischer Systeme die Differenzen zwischen dem Geoid und dem Referenzellipsoid. Bei der Internationalen Vereinigung für Geodäsie und Geophysik sind besondere Bestrebungen zur Bestimmung des europäischen Geoides nach der Methode der Lotabweichungen (astronomisches Nivellement) vorhanden.

Potsdam, 22. September 1954

KURT ARNOLD

I. Kapitel

Gegen Ende des 18. Jahrhunderts erkannte man, daß die Erdoberfläche nicht in aller mathematischer Strenge ein Rotationsellipsoid ist. Diese Erkenntnis folgerte vor allem daraus, daß nach der Ausgleichung der Gradmessungen, die zur Bestimmung der Figur der Erde ausgeführt worden waren, der mittlere Fehler nach der Ausgleichung nach der Methode der kleinsten Quadrate allenfalls erheblich größer war, als a priori erwartet wurde. Man fand, daß man eine Äquipotentialfläche des Erdschwerefeldes als die Fläche ansehen müsse, auf welcher die geodätischen Messungen ausgeführt werden. LISTING führte dann den Namen „Geoid" für diese Fläche ein. Seitdem ist es die vornehmliche Aufgabe der Gradmessungen, das Ellipsoid zu bestimmen, das sich dem Geoid am besten anschmiegt, dessen kürzere Achse zur Rotationsachse der physischen Erde parallel ist und dessen Mittelpunkt mit dem Erdschwerpunkt zusammenfällt. Die linearen Abstände entsprechender Punkte auf dem Geoid und dem Erdellipsoid sind die Geoidundulationen, N. Man hat festgestellt, daß die Geoidundulationen kaum 100 m übersteigen werden, in den allermeisten Fällen sind sie kleiner als 50 m. Für die anschließenden von mir ausgeführten mathematischen Untersuchungen definieren wir N folgendermaßen: Wir fällen von einem Punkt auf dem Geoid P das (geradlinige) Lot auf das Referenzellipsoid und erhalten den Lotfußpunkt P'. Die Länge der Strecke $\overline{PP'}$ ist gleich der Geoidundulation

$$\overline{PP'} = N$$

Errichten wir im Punkte P die Flächennormale $\mathfrak{n}$ der Geoidfläche und im Punkte P' die Flächennormale $\mathfrak{n}'$ bezüglich des Ellipsoides, so kommen wir zu den Lotabweichungen. Der Winkel, den die beiden Vektoren $\mathfrak{n}$ und $\mathfrak{n}'$ einschließen, ist die Lotabweichung Θ. Tragen wir die beiden Vektoren $\mathfrak{n}$ und $\mathfrak{n}'$ im Punkte P' als Ursprung an, so definieren diese beiden Vektoren eine Vertikalebene im Punkte P'. Durch den Vektor $\mathfrak{n}'$ wird diese Vertikalebene in zwei Hälften zerlegt. Das ellipsoidische Azimut $A = \alpha$ des Teiles der Vertikalebene, der den Vektor $\mathfrak{n}$ enthält, nennen wir das Azimut der Lotabweichung Θ. Im Azimut $A = \alpha$ liegt also das Extremum der Lotabweichung. Es ist noch üblich, die Komponente der Lotabweichung in der Nord—Süd-Richtung ($A = 0°$) und in der Ost—West-Richtung ($A = 90°$) einzuführen. Man spricht von der Lotabweichung in Breite (ξ) und von der Lotabweichung in Länge (η). Es ist bekanntlich

$$\xi = \varphi_a - \varphi_e = \Theta \cdot \cos\alpha \qquad \eta = (\lambda_a - \lambda_e) \cdot \cos\varphi = \Theta \sin\alpha \tag{1}$$

φ_a, λ_a sind die astronomischen (geoidischen), φ_e, λ_e die ellipsoidischen Werte für die geographische Breite und Länge.

Die günstigste Approximation des Erdellipsoides an das Geoid suchte man bisher nach HELMERT dadurch zu erreichen, daß man die Dimensionen des Erdellipsoides und die beiden — a priori unbekannten — Lotabweichungen im Zentralpunkt so veränderte, daß die Summe der Quadrate der Lotabweichungen zu einem Minimum wurde.

$$\sum \Theta^2 \longrightarrow \text{Minimum} \tag{2}$$

oder, weil $\Theta^2 = \xi^2 + \eta^2$

$$\sum (\xi^2 + \eta^2) \longrightarrow \text{Minimum} \tag{3}$$

Die Lotabweichungskomponenten ξ und η sollen bei der Lotabweichungsausgleichung isostatisch reduziert sein.

Dieses Prinzip (2) bzw. (3) beherrscht bis heute alle Ausgleichungsarbeiten der höheren Geodäsie. HELMERT sagt hierzu [1], I. S. 544: „Man wird bei der Wahl von ξ_1 und η_1 am besten so verfahren, daß die Summe der $\xi_i^2 + \eta_i^2$ ein Minimum wird in bezug auf ξ_1 und η_1 als Unbekannte (Variable). Diese Wahl ist wenigstens dann eine sehr passende, sobald die astronomischen Stationen gleichmäßig über einen Teil der Geoidfläche verbreitet sind."

Wenn wir jedoch in Betracht ziehen, daß das ausgeglichene Erdellipsoid der Bedingung unterliegen soll, daß es sich dem Geoid möglichst gut anschmiegt, so bedeutet das doch, daß die Geoidundulationen N, also die Abstände zwischen dem Geoid und dem Erdellipsoid, möglichst klein werden. Wir stellen also fest, daß wir die optimale Approximation des Erdellipsoides an das Geoid dann erreichen werden, wenn wir bei der Ausgleichung die Summe der Quadrate der Geoidundulationen zu einem Minimum machen.

Es muß also gelten[1]):

$$\sum_i N_i^2 \longrightarrow \text{Minimum} \tag{4}$$

wobei die N_i möglichst gleichmäßig über die Erdoberfläche verteilt sein müssen.

Bei der Anwendung des Prinzips (4) ist es von grundlegender Wichtigkeit festzustellen, daß das astronomische Nivellement die Gestalt des Geoids vollkommen hypothesenfrei liefert. Die Gestalt des Geoids wird bei ihrer Bestimmung aus einem astronomischen Nivellement nicht beeinflußt durch die Gestalt des zugrunde gelegten Referenzellipsoides und durch die willkürliche Wahl der Geoidundulation N und der beiden Komponenten der Lotabweichung ξ und η im Zentralpunkt, wenn nur die geodätischen Messungen einwandfrei von der Erdoberfläche auf das Geoid und vom Geoid auf das Ellipsoid reduziert werden. Die jeweils willkürliche Wahl der Werte der Geoidundulation N und der beiden Komponenten ξ und η der Lotabweichung im Zentralpunkt beeinflußt nur die gegenseitige räumliche Lage zwischen dem Referenzellipsoid und dem Geoid.

Dieses neue Prinzip (4) entspricht auch den in der angewandten Mathematik üblichen Verfahren zur Approximation einer empirisch gegebenen Funktion durch einen möglichst einfachen analytischen Ausdruck (Potenzreihe, trig. Reihe . . . u. ä.). Wenn z. B. eine Funktion $f(x)$ durch eine Fourier-Reihe

$$a_0 + \sum_{i=1}^{\infty} a_i \sin ix + \sum_{i=1}^{\infty} b_i \cos ix$$

im Bereich $-\pi \leqslant x \leqslant +\pi$ dargestellt ist, so gilt

$$\int_{-\pi}^{+\pi} \left\{ f(x) - a_0 - \sum_{i=1}^{\infty} a_i \sin ix - \sum_{i=1}^{\infty} b_i \cos ix \right\}^2 dx \longrightarrow \text{Minimum} \tag{5}$$

Soll eine gegebene empirische Funktion im Bereich $a \leqslant x \leqslant b$ durch eine Potenzreihe dargestellt werden, so wird meistens mit folgender Bedingung gearbeitet:

$$\int_{x=a}^{b} \left\{ f(x) - \sum_{i=0}^{\infty} c_i x^i \right\}^2 dx \longrightarrow \text{Minimum} \tag{6}$$

Bei der Anwendung der Gleichung (4) wird man entgegenhalten, daß man ja den Verlauf des Geoides gegenüber dem Referenzellipsoid zu wenig kennen würde, d. h., daß zu wenige bekannte Werte von N_i vorliegen würden, um das Prinzip (4) anwenden zu können. Für die vergangenen großen Ausgleichungsarbeiten trifft dieses ohne weiteres zu. Die wenigen in diesen Netzen enthaltenen astronomischen Ortsbestimmungen ermöglichten es nicht, die Geoidundulationen in befriedigender Genauigkeit nach dem Verfahren des astronomischen Nivellements abzuleiten. Die meisten älteren Triangulationssysteme 1. Ordnung haben nämlich astronomische Beobachtungen nur auf Punkten mit einer Entfernung von ca. 200 km und mehr, indem oft auf den Laplaceschen Punkten außer dem Azimut auch die Länge und Breite beobachtet worden ist. Für die Ableitung des Laplaceschen Azimutes braucht man bekanntlich nur das Azimut und die Länge mit höchster

---

[1]) Während der Drucklegung erhielt ich die Schrift: K. Ledersteger, „Die translative und die projektive Methode der astronomischen Geodäsie". (Schweiz. Zeitschrift f. Vermess.Wesen, Heft 7/8, 1954.) — Ledersteger gibt darin an, daß sich bereits Helmert und Krassowsky für das Prinzip (4) ausgesprochen haben.

Genauigkeit, die geographische Breite ist für die Ermittlung des Laplaceschen Azimutes nur genähert erforderlich. Wird auf den Laplaceschen Punkten auch die geographische Breite mit höchster Genauigkeit bestimmt, so ist es möglich, auf diesem Punkt auch die meridionale Lotabweichung zu ermitteln. Weil also bei den älteren astronomisch-geodätischen Arbeiten die Lotabweichungen zu weit verstreut lagen, mußte man sich notwendigerweise an das Prinzip (2) halten. Die Hinzuziehung des Prinzips (4) war im allgemeinen in einwandfreier Form nicht möglich.

Um jedoch die gesteigerte Genauigkeit der geodätischen Messungen, namentlich die der entscheidend wichtigen Basismessungen, voll ausnutzen zu können und um diese nicht durch mangelhafte Reduktionen zu verderben, ist man in den letzten Jahren dazu übergegangen, bei der Reduktion der Basismessungen die Geoidundulationen mit einzubeziehen. Die Reduktion der Grundlinien vom Geoid auf das Ellipsoid verlangt aber dieselbe Voraussetzung wie die Benutzung der Bedingung (4) für die Bestimmung sowohl der optimalen Lage des geodätischen Netzes auf dem Referenzellipsoid als auch der günstigsten Ellipsoiddimensionen, — nämlich die Kenntnis der Geoidundulationen N —. Es entsteht hierbei die Frage: Wie genau braucht man die Geoidundulationen N, wenn der Fehler in der Reduktion der Grundlinien vom Geoid auf das Ellipsoid die Genauigkeit der Basismessung nicht beeinflussen soll.

Die relative Genauigkeit der Basismessung ist heute ca. 1 : 1 000 000. Für die Reduktion vom Geoid auf das Ellipsoid gilt folgende Formel:

$$S_g - S_e \cong S_g \frac{N}{R} \qquad \text{(Vgl. Bild 1)}$$

$S_g(S_e)$ ist die Streckenlänge auf dem Geoid (Ellipsoid).

Aus der obigen Formel erhalten wir:

$$\frac{S_g - S_e}{S_g} \cong \frac{N}{R}$$

Ist δN der Fehler in der Geoidundulation N, so ist der relative Fehler der Basislänge, der durch die Ungenauigkeit in der Reduktion vom Geoid auf das Ellipsoid bewirkt wird, gleich

$$\frac{\delta N}{R}$$

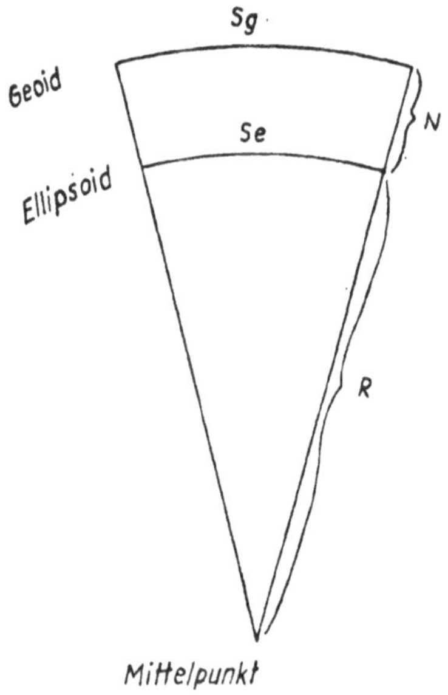

Bild 1

Wenn durch diesen Fehler in der Reduktion die Basismeßgenauigkeit nicht beeinträchtigt werden soll, so muß

$$\frac{\delta N}{R}$$

nur etwa gleich $\frac{1}{5}$ bis $\frac{1}{10}$ von 1 : 1 000 000 sein.

Wir erhalten die Bedingung

$$\frac{\delta N}{R} < 1 : 5\,000\,000$$

$$N < 1{,}3 \text{ m}$$

Ein Fehler von weniger als 1,3 m in den Geoidundulationen N ist aber zur Bestimmung des bestanschließenden Ellipsoides noch gut tragbar.

Wenn es möglich ist, die Geoidundulationen N so genau zu ermitteln, daß die Grundlinien einwandfrei vom Geoid auf das Ellipsoid reduziert werden können, so ist es auch möglich, das Prinzip

$$\sum_i N_i^2 \dashrightarrow \text{Minimum}$$

anzuwenden.

II. Kapitel

Wir wenden uns nun den mathematischen Ableitungen zu. Der Punkt Z ist fest im Raum. Die Spitze des Vektors $\mathfrak{E}$ bestreicht das Erdellipsoid, dessen Mittelpunkt mit dem im Raum festen Punkt Z zusammenfällt. Das Ellipsoid unterliegt keinen Drehungen und Translationen, es ändert lediglich seine Dimensionen: Die große Achse a und die zweite Exzentrizität e'^2 ändern sich um differentielle Beträge. P' ist ein Punkt auf dem Ellipsoid. Der Ortsvektor $\overline{\mathfrak{G}}$ bestimmt die Fläche des Geoids. Das Geoid unterliege keinen Rotationen, wohl aber geringen Translationen nach allen drei Koordinatenrichtungen. Der Punkt Z ist also nicht fest mit dem Geoid verbunden, dagegen habe der Punkt A eine unveränderliche Lage gegenüber dem Geoid. Folglich wird der Vektor $\mathfrak{G}$ durch die Translationen des Geoids nicht verändert, wohl aber der Vektor $\overline{\mathfrak{G}}$. $\mathfrak{G}$ ist der Ortsvektor des Geoids relativ zum Punkt A. Die Änderung des Vektors $\mathfrak{t}$ ist gleich der Resultierenden aus den drei Translationen, die die Geoidfläche erfährt. $\mathfrak{N}'$ ist der Flächennormalenvektor des Ellipsoides, er verbindet die Punkte P' und P und sein absoluter Betrag ist gleich der Geoidundulation N im Punkte P'. Aus Bild 2 lesen wir ab

$$\mathfrak{E} + \mathfrak{N}' - \mathfrak{t} - \mathfrak{G} = 0 \tag{7}$$

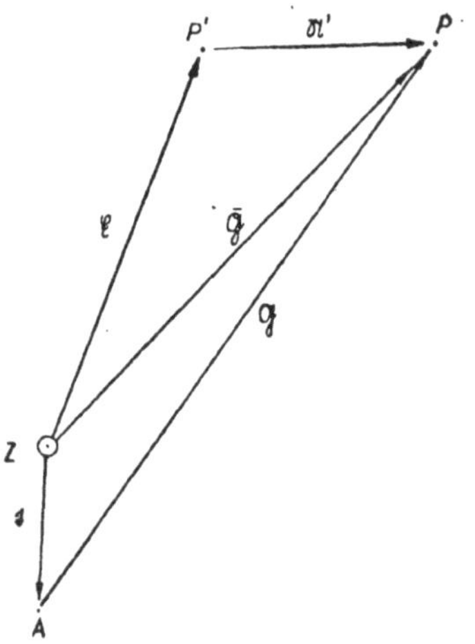

Bild 2

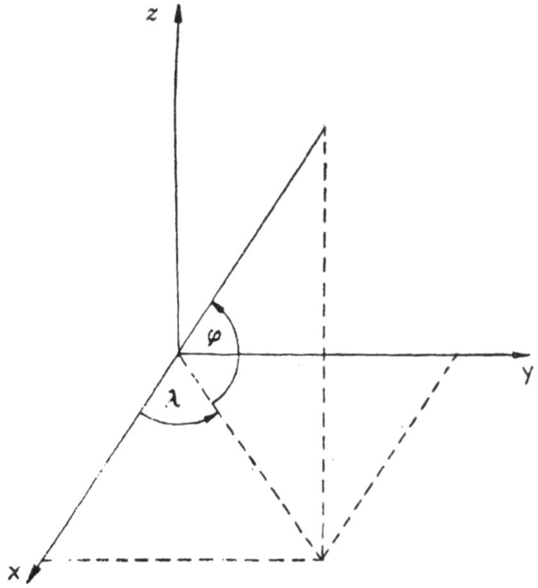

Bild 3

Wir haben bekanntlich

$$\mathfrak{E} = \begin{cases} \frac{c}{V} \cos\varphi \cos\lambda \\ \frac{c}{V} \cos\varphi \sin\lambda \\ \frac{b}{V} \sin\varphi \end{cases} \qquad \mathfrak{N}' = \begin{cases} N \cos\varphi \cos\lambda \\ N \cos\varphi \sin\lambda \\ N \sin\varphi \end{cases} \qquad \mathfrak{t} = \begin{cases} t_x \\ t_y \\ t_z \end{cases} \tag{8}$$

Die Orientierung des räumlichen Polarkoordinatensystems ergibt sich aus Bild 3.

c ist der Krümmungsradius an den Polen

$$c = \frac{a^2}{b} = a\sqrt{1+e'^2} = a\left(1 + \frac{1}{2}e'^2 - \frac{1}{8}e'^4 + \frac{1}{16}e'^6 - + \dots\right)$$

b ist die kleine Halbachse

$$b = a\frac{1}{\sqrt{1+e'^2}} = a\left(1 - \frac{1}{2}e'^2 + \frac{3}{8}e'^4 - \frac{5}{16}e'^6 + - \dots\right)$$

Es ist ferner

$$V^2 = 1 + \eta^2 = 1 + e'^2\cos^2\varphi$$

φ und λ sind die geographischen Koordinaten des Punktes P' auf dem Ellipsoid. N ist die Geoidundulation. Wir differenzieren Gleichung (7) und erhalten

$$d\mathfrak{C} + d\mathfrak{N}' - d\mathfrak{t} = 0 \tag{9}$$

Als Variable haben wir in diesen Differentiationen

$$a,\ e'^2,\ \varphi,\ \lambda,\ N,\ t_x,\ t_y,\ t_z$$

So erhalten wir aus (9) mit (8) folgende drei Gleichungen:

$$A_1\, d\varphi + B_1\, d\lambda + C_1\, dN + D_1\, dt_x + E_1\, dt_y + F_1\, da + G_1\, de'^2 = 0 \tag{10}$$

$$A_2\, d\varphi + B_2\, d\lambda + C_2\, dN + D_2\, dt_x + E_2\, dt_y + F_2\, da + G_2\, de'^2 = 0 \tag{11}$$

$$\mu \cdot dN - \alpha\, dt_z - \beta\, da - \gamma\, de'^2 - \delta\, d\varphi = 0 \tag{12}$$

Hier haben wir folgende Abkürzungen gewählt

$$\begin{matrix} A_1 \\ = \\ A_2 \end{matrix} \quad \begin{matrix} \cos\lambda \\ \cdot \\ \sin\lambda \end{matrix} \left[c\,\frac{d}{d\varphi}\left\{\frac{\cos\varphi}{V}\right\} - N\sin\varphi \right] = -\,a\sin\varphi \begin{matrix} \cos\lambda \\ \\ \sin\lambda \end{matrix} \left\{1 + \frac{1}{2}\,e'^2\,(1 - 3\cos^2\varphi) + \frac{1}{8}\,e'^4\,(-1 - 6\cos^2\varphi + 15\cos^4\varphi) + \frac{N}{a}\right\}$$

$$\begin{matrix} B_1 \\ = \\ B_2 \end{matrix} \quad \begin{matrix} +\sin\lambda \\ \cdot \\ -\cos\lambda \end{matrix} \left[-\frac{c}{V}\cos\varphi - N\cos\varphi \right] = +\,a\cos\varphi \begin{matrix} -\sin\lambda \\ \\ +\cos\lambda \end{matrix} \left\{1 + \frac{1}{2}\,e'^2\sin^2\varphi + \frac{1}{8}\,e'^4\,(-1 - 2\cos^2\varphi + 3\cos^4\varphi) + \frac{N}{a}\right\}$$

$$\begin{matrix} C_1 = \cos\varphi\cos\lambda & \qquad & C_2 = \cos\varphi\sin\lambda \\ D_1 = -1 & & D_2 = 0 \\ E_1 = 0 & & E_2 = -1 \end{matrix} \tag{13}$$

$$\begin{matrix} F_1 \\ = \\ F_2 \end{matrix} \quad \begin{matrix} \cos\lambda \\ \cdot \\ \sin\lambda \end{matrix} \left[\frac{1}{V}\cos\varphi\,\frac{dc}{da} \right] = \cos\varphi \begin{matrix} \cos\lambda \\ \\ \sin\lambda \end{matrix} \left\{1 + \frac{1}{2}\,e'^2\sin^2\varphi + \frac{1}{8}\,e'^4\,(-1 - 2\cos^2\varphi + 3\cos^4\varphi)\right\}$$

$$\begin{matrix} G_1 \\ = \\ G_2 \end{matrix} \quad \begin{matrix} \cos\lambda \\ \cdot \\ \sin\lambda \end{matrix} \left[\cos\varphi\,\frac{d}{de'^2}\left\{\frac{c}{V}\right\} \right] = a\cos\varphi \begin{matrix} \cos\lambda \\ \\ \sin\lambda \end{matrix} \left\{\frac{1}{2}\sin^2\varphi + \frac{1}{4}\,e'^2\,(-1 - 2\cos^2\varphi + 3\cos^4\varphi) + \frac{3}{16}\,e'^4\,(+1 + \cos^2\varphi + 3\cos^4\varphi - 5\cos^6\varphi)\right\}$$

$$\alpha = +1$$

$$\beta = -\frac{1}{V}\sin\varphi\,\frac{db}{da} = -\sin\varphi\left\{1 - \frac{1}{2}\,e'^2\,(1 + \cos^2\varphi) + \frac{1}{8}\,e'^4\,(+3 + 2\cos^2\varphi + 3\cos^4\varphi)\right\}$$

$$\gamma = -\sin\varphi\,\frac{d}{de'^2}\left\{\frac{b}{V}\right\} = +\,a\sin\varphi\left\{+\frac{1}{2}\,(1 + \cos^2\varphi) - \frac{1}{4}\,e'^2\,(+3 + 2\cos^2\varphi + 3\cos^4\varphi) + \frac{3}{16}\,e'^4\,(5 + 3\cos^2\varphi + 3\cos^4\varphi + 5\cos^6\varphi)\right\}$$

$$\delta = -\,b\,\frac{d}{d\varphi}\left\{\frac{\sin\varphi}{V}\right\} - N\cos\varphi = -\,a\cos\varphi\left\{1 + \frac{1}{2}\,e'^2\,(1 - 3\cos^2\varphi) + \frac{1}{8}\,e'^4\,(-1 - 6\cos^2\varphi + 15\cos^4\varphi) + \frac{N}{a}\right\} \tag{14}$$

$$\mu = \sin\varphi$$

Aus den Gleichungen (10), (11) und (12) ergibt sich

$$d\varphi = \frac{1}{\begin{vmatrix} A_1 & B_1 \\ A_2 & B_2 \end{vmatrix}} \left\{ \begin{vmatrix} B_1 & C_1 \\ B_2 & C_2 \end{vmatrix} dN + \begin{vmatrix} B_1 & D_1 \\ B_2 & D_2 \end{vmatrix} dt_x + \begin{vmatrix} B_1 & E_1 \\ B_2 & E_2 \end{vmatrix} dt_y + \begin{vmatrix} B_1 & F_1 \\ B_2 & F_2 \end{vmatrix} da + \begin{vmatrix} B_1 & G_1 \\ B_2 & G_2 \end{vmatrix} de'^2 \right\} \qquad (15)$$

$$d\lambda = -\frac{1}{\begin{vmatrix} A_1 & B_1 \\ A_2 & B_2 \end{vmatrix}} \left\{ \begin{vmatrix} A_1 & D_1 \\ A_2 & D_2 \end{vmatrix} dt_x + \begin{vmatrix} A_1 & E_1 \\ A_2 & E_2 \end{vmatrix} dt_y \right\} \qquad (16)$$

$$dN = \frac{\alpha}{\mu} dt_z + \frac{\beta}{\mu} da + \frac{\gamma}{\mu} de'^2 + \frac{\delta}{\mu} d\varphi \qquad (17)$$

Wir eliminieren mit Hilfe von (17) dN in (15) und mit Hilfe von (15) $d\varphi$ in (17). So erhalten wir für (17) und (15)

$$dN = \frac{1}{\begin{vmatrix} A_1 & B_1 \\ A_2 & B_2 \end{vmatrix} \mu - \begin{vmatrix} B_1 & C_1 \\ B_2 & C_2 \end{vmatrix} \delta} \left\{ \delta \begin{vmatrix} B_1 & D_1 \\ B_2 & D_2 \end{vmatrix} dt_x + \delta \begin{vmatrix} B_1 & E_1 \\ B_2 & E_2 \end{vmatrix} dt_y + \alpha \begin{vmatrix} A_1 & B_1 \\ A_2 & B_2 \end{vmatrix} dt_z \right. \qquad (18)$$
$$\left. + \left(\beta \begin{vmatrix} A_1 & B_1 \\ A_2 & B_2 \end{vmatrix} + \delta \begin{vmatrix} B_1 & F_1 \\ B_2 & F_2 \end{vmatrix} \right) da + \left(\gamma \begin{vmatrix} A_1 & B_1 \\ A_2 & B_2 \end{vmatrix} + \delta \begin{vmatrix} B_1 & G_1 \\ B_2 & G_2 \end{vmatrix} \right) de'^2 \right\}$$

$$d\varphi = \frac{1}{\begin{vmatrix} A_1 & B_1 \\ A_2 & B_2 \end{vmatrix} \mu - \begin{vmatrix} B_1 & C_1 \\ B_2 & C_2 \end{vmatrix} \delta} \left\{ \mu \begin{vmatrix} B_1 & D_1 \\ B_2 & D_2 \end{vmatrix} dt_x + \mu \begin{vmatrix} B_1 & E_1 \\ B_2 & E_2 \end{vmatrix} dt_y + \alpha \begin{vmatrix} B_1 & C_1 \\ B_2 & C_2 \end{vmatrix} dt_z \right. \qquad (19)$$
$$\left. + \left(\mu \begin{vmatrix} B_1 & F_1 \\ B_2 & F_2 \end{vmatrix} + \beta \begin{vmatrix} B_1 & C_1 \\ B_2 & C_2 \end{vmatrix} \right) da + \left(\mu \begin{vmatrix} B_1 & G_1 \\ B_2 & G_2 \end{vmatrix} + \gamma \begin{vmatrix} B_1 & C_1 \\ B_2 & C_2 \end{vmatrix} \right) de'^2 \right\}$$

Mit (13) und (14) erhalten wir schließlich aus (18), (19) und (16), indem in den Reihenentwicklungen die Glieder mit e'^4 und $\frac{N}{a}$ vernachlässigt werden:

$$\begin{aligned} dN = &+ \cos\varphi \cos\lambda \cdot dt_x \\ &+ \cos\varphi \sin\lambda \cdot dt_y \\ &+ \sin\varphi \cdot dt_z \\ &- \left(1 - \frac{1}{2} e'^2 \sin^2\varphi\right) \cdot da \\ &+ \sin^2\varphi \left\{1 - \frac{1}{2} e'^2 (3 + \cos^2\varphi)\right\} \cdot d\varepsilon \end{aligned} \qquad (20)$$

$$\begin{aligned} d\varphi'' = &- \frac{\varrho''}{a} \sin\varphi \cos\lambda \cdot \varkappa_1 \cdot dt_x \\ &- \frac{\varrho''}{a} \sin\varphi \sin\lambda \cdot \varkappa_1 \cdot dt_y \\ &+ \frac{\varrho''}{a} \cos\varphi \cdot \varkappa_1 \cdot dt_z \\ &+ \frac{\varrho''}{a} e'^2 \cdot \sin\varphi \cos\varphi \cdot da \\ &+ \frac{2\varrho''}{a} \sin\varphi \cos\varphi \left\{1 + \frac{1}{2} e'^2 (-3 + \cos^2\varphi)\right\} d\varepsilon \end{aligned} \qquad (21)$$

$$\begin{aligned} d\lambda'' = &- \frac{\varrho''}{a} \frac{\sin\lambda}{\cos\varphi} \cdot \varkappa_2 \cdot dt_x \\ &+ \frac{\varrho''}{a} \frac{\cos\lambda}{\cos\varphi} \cdot \varkappa_2 \cdot dt_y \end{aligned} \qquad (22)$$

Wir setzten in (20), (21), (22) zur Abkürzung:

$$d\varepsilon = \frac{1}{2}\, a\, d(e'^2) \qquad\qquad d(e'^2) = \frac{2}{a}\, d\varepsilon \tag{23}$$

$$\varkappa_1 = 1 + \frac{1}{2}\, e'^2 (3\cos^2\varphi - 1)$$

$$\varkappa_2 = 1 - \frac{1}{2}\, e'^2 \sin^2\varphi$$

Während wir in den Reihenentwicklungen (13) und (14) noch Glieder mit e'^4 und $\frac{N}{a}$ mitgenommen haben, wurden diese in (20) bis (22) vernachlässigt. Wir wollen noch die Größe dieser vernachlässigten Werte abschätzen.

Es ist $e'^2 \cong 0{,}0067$. Wenn wir also Glieder mit $e'^4 \cong 0{,}000\,045$ vernachlässigen, so begehen wir einen relativen Fehler von ca. 1 : 20 000 in den Koeffizienten der Gleichungen (20) bis (23). Eine Mitnahme der Glieder e'^4 erscheint daher nicht als gerechtfertigt. Wir kommen nun zu dem Glied $\frac{N}{a}$. N ist maximal etwa $\pm$ 0,1 km. Also $\left|\frac{N}{a}\right| < 0{,}000\,016$. Der relative Fehler beträgt hier ungefähr 1 : 60 000 und kann ebenfalls vernachlässigt werden.

III. Kapitel

Wir wenden uns nun dem Prinzip (4)

$$\sum_i N_i^2 \longrightarrow \text{Minimum}$$

zu.

Wir nehmen dabei zunächst an, daß sich die Lotabweichungen durch einen Vergleich der geodätischen geographischen Koordinaten mit den entsprechenden astronomischen Werten nach Gleichung (1) entsprechend dem o. a. Prinzip der Projektion ergeben haben. Wir wählen im Zentralpunkt des zu bearbeitenden astronomisch-geodätischen Netzes die vorläufige Lotabweichung so, daß sie der endgültigen (absoluten) noch unbekannten Lotabweichung in diesem Punkt möglichst nahe kommt. Wenn aus früheren Arbeiten sich kein besserer Näherungswert ermitteln läßt, werden wir im Zentralpunkt die Lotabweichung gleich Null annehmen. Nach dieser Voraussetzung haben wir es vorläufig mit relativen Lotabweichungen zu tun. Die Höhe N des Geoids über dem Ellipsoid im Zentralpunkt werden wir a priori im allgemeinen gleich Null setzen.

Bekanntlich ist es möglich, aus einer gravimetrischen Aufnahme Lotabweichungen zu ermitteln, die den Charakter absoluter Lotabweichungen tragen. Auf diesen Fall, in dem uns im Zentralpunkt die absolute Lotabweichung mit einer Genauigkeit von $\pm$ 1″ und genauer gegeben ist, gehen wir später im Kapitel IV ein. Bei den Abhandlungen in diesem Kapitel III wollen wir bei relativen Lotabweichungen bleiben. Bei der Bearbeitung eines Systems von relativen Lotabweichungen haben die beiden Lotabweichungskomponenten und die Geoidundulation N im Zentralpunkt den Charakter von unbekannten Größen, deren optimale Werte man durch eine sog. Lotabweichungsausgleichung zu ermitteln sucht.

Mit den relativen Lotabweichungen ermitteln wir zunächst die genäherten Geoidundulationen N_i, d. h. die Höhe des Geoids über dem Referenzellipsoid, indem wir vorläufig eine Reduktion der geodätischen Messungen vom Geoid auf das Ellipsoid unterlassen. Die dann bekannt vorliegenden genäherten Werte von N_i gestatten es uns, die auf das Geoid bezogenen geodätischen Messungen auf das Ellipsoid zu reduzieren, wenn nur die Werte der N_i genügend genau bekannt sind. Bei der Reduktion der geodätischen Messungen auf das Referenzellipsoid bedienen wir uns der Ellipsoidnormalen. Es ist grundsätzlich auch möglich, an Stelle der Ellipsoidnormalen die Geoidnormale — also das Lot — bei der Projektion der Punkte vom Geoid auf das Ellipsoid zu benutzen. Auf diesen Fall wollen wir jedoch nicht näher eingehen, die Unterschiede, die aus beiden Methoden resultieren, sind jedenfalls nicht sehr erheblich, weil die Geoidundulationen und die Lotabweichungen innerhalb enger Grenzen liegen. Die geodätischen Messungen und die Laplaceschen Azimute werden nach ihrer Reduktion auf das Referenzellipsoid auf dem Ellipsoid nach den bekannten Verfahren der Methode der kleinsten Quadrate ausgeglichen. Mit den ausgeglichenen geodätischen Messungen und dem astronomischen Beobachtungsmaterial werden verbesserte Lotabweichungen ermittelt. Mit diesen Lotabweichungen werden die endgültigen Höhen N_i des Geoids über dem Referenzellipsoid für die Durchführung des Minimumsprinzips (4) abgeleitet.

So kommen wir zu dem Prinzip:

$$\sum_i (N_i + dN_i)^2 \longrightarrow \text{Minimum} \tag{24}$$

Die N_i müssen derartig verändert werden, daß die Bedingung (24) erfüllt wird.

Die Verbesserungsgleichung im Sinne der Ausgleichung vermittelnder Beobachtungen lautet also:

$$N_i + dN_i = -l_i + a_i\,dt_x + b_i\,dt_y + c_i\,dt_z + d_i\,da + e_i\,d\varepsilon \tag{25}$$

mit

$$-l_i = N_i$$

Die Koeffizienten a_i, b_i, c_i, d_i, e_i sind der Gleichung (20) zu entnehmen.

Werden in die Bedingung (24) mehrere astronomisch-geodätische Systeme einbezogen, die voneinander unabhängig sind, so erhalten wir für jedes astronomisch-geodätische Netz einen besonderen Translationsvektor $d\mathfrak{t}_k$:

$$d\mathfrak{t}_k = \begin{cases} dt_{x\cdot k} \\ dt_{y\cdot k} \\ dt_{z\cdot k} \end{cases} \qquad k = 1, 2, 3 \ldots \tag{26}$$

Die einzelnen Geoidflächenstücke müssen also im Raume so verschoben werden, und die Ellipsoiddimensionen a und e'^2 müssen so geändert werden (bei festliegendem Mittelpunkt und bei festliegender Orientierung des Ellipsoides), daß die Bedingung (24) erfüllt wird.

Die Gleichung (25) lautet also bei mehreren voneinander unabhängigen astronomisch-geodätischen Systemen:

$$N_i + dN_i = -l_i + a_i\,dt_{x\cdot k} + b_i\,dt_{y\cdot k} + c_i\,dt_{z\cdot k} + d_i\,da + e_i\,d\varepsilon \tag{27}$$
$$k = 1, 2, 3 \ldots$$

k charakterisiert das jeweilige astronomisch-geodätische Netz. Die Auflösung der aus (27) zu bildenden Normalgleichungen ergibt die einzelnen Translationsvektoren $d\mathfrak{t}_k$ und die Veränderungen da und $d\varepsilon$ der Dimensionen des Referenzellipsoides. Diese Werte werden in die Gleichungen (21) und (22) eingetragen und wir erhalten die Werte von $d\varphi$ und $d\lambda$, die an den vorläufigen ellipsoidischen Positionen der Dreieckspunkte angebracht werden müssen, um die endgültige Lage der Dreieckspunkte auf dem endgültigen, optimalen Erdellipsoid zu bekommen. Man kann ferner im Anschluß an die Ausgleichung die endgültigen Geoidundulationen $N_i + dN_i$ ermitteln.

In ungünstigen Fällen muß unter Umständen die Arbeit noch einmal wiederholt und ein zweiter Annäherungsschritt ausgeführt werden. Wenn wir nämlich mit den aus der Minimumsbedingung (24) erhaltenen Werten für das günstigste Erdellipsoid, für die Geoidundulation und für die Lotabweichung im Zentralpunkt im Verein mit den astronomischen Ortsbestimmungen erneut eine Reduktion der geodätischen Messungen auf das optimale Erdellipsoid durchführen und dann eine gebräuchliche Ausgleichung des astronomisch-geodätischen Netzes auf dem optimalen Erdellipsoid anschließen, so können wir dann erneut die Geoidundulationen bestimmen. Stimmen die auf diesem Wege ermittelten Geoidundulationen nicht mit den Werten $N_i + dN_i$, die sich aus dem Prinzip (24) ergeben haben, genügend überein, so ist eine Wiederholung der Aufgabe notwendig, damit wir unabhängig vom Bezugssystem werden. Die Notwendigkeit einer derartigen Wiederholung des Prinzips (24) dürfte jedoch sehr selten vorkommen.

Das Erdellipsoid, das sich nach der Ausgleichung ergibt, hat nach dem Vorstehenden die Eigenschaft, daß es sich dem Geoid möglichst gut anschmiegt, und daß seine kleine Halbachse parallel der Rotationsachse der Erde ist. Dagegen fällt der Mittelpunkt des nach Gleichung (24) ermittelten Erdellipsoides im allgemeinen nicht in aller Strenge mit dem Schwerpunkt der Erdmasse zusammen.

IV. Kapitel

Von besonderer Bedeutung bei der Verwendung des Prinzips (4) ist die Hinzuziehung sogenannter gravimetrischer Lotabweichungen, die mit dem Namen von Vening-Meinesz [2], Kasansky [3] und Rice [7] verbunden sind.

Man geht dabei von der Stokeschen Formel aus

$$N = \frac{R}{4\pi g} \int_{\sigma} S_T(\psi) \cdot \Delta g \cdot d\sigma = \frac{R}{4\pi g} \int_0^{2\pi} d\alpha \int_0^{\pi} \Delta g \, S_T(\psi) \sin\psi \, d\psi \tag{28}$$

Die Stokesche Funktion $S_T(\psi)$ lautet

$$S_T(\psi) = \operatorname{cosec} \frac{1}{2}\psi + 1 - 6 \sin \frac{1}{2}\psi - 5\cos\psi - 3\cos\psi \lg\left[\sin\frac{1}{2}\psi\left(1 + \sin\frac{1}{2}\psi\right)\right]$$

Durch Differentiation findet Vening-Meinesz

$$\begin{Bmatrix}\xi'' \\ \eta''\end{Bmatrix} = -\frac{1}{2\pi}\int_0^{2\pi} \begin{Bmatrix}\cos\alpha \\ \sin\alpha\end{Bmatrix} d\alpha \int_0^{\pi} Q \Delta g \, d\psi$$

$$Q = -\frac{\varrho''}{2g}\frac{\partial S_T}{\partial\psi}\sin\psi \tag{29}$$

$$Q = \frac{\varrho''}{2g}\cos^2\frac{1}{2}\psi\left[\operatorname{cosec}\frac{1}{2}\psi + 12\sin\frac{1}{2}\psi - 32\sin^2\frac{1}{2}\psi + \frac{3}{1+\sin\frac{1}{2}\psi} - 12\sin^2\frac{1}{2}\psi\lg\left\{\sin\frac{1}{2}\psi\left(1+\sin\frac{1}{2}\psi\right)\right\}\right]$$

Kasansky [3] teilt den Integrationsbereich, also die Erdoberfläche, in Sektorenabschnitte ein, die sich zentrisch um den Punkt, für den die Lotabweichung zu bestimmen ist, gruppieren. Die Größe der Sektorenabschnitte wird von Kasansky so bemessen, daß eine mittlere Schwereanomalie von 1 Milligal ($\Delta g = 1$ mgal) in jedem Sektorenabschnitt auf die zu bestimmende Lotabweichung die Einwirkung von 0″,001 hat. Eine zentrale kreisförmige Zone mit dem Radius r_0 wird gesondert behandelt. Die Größe von r_0 bestimmt sich nach den örtlichen Verhältnissen. Kasansky [3] setzt r_0 gleich 5, 10 oder 20 km. Bei Rice [7] variiert r_0 zwischen 279 und 4320 Meter. Für die zentrale Zone ermittelt man den Gradienten der Schwereanomalie in der Nord—Süd- und Ost—West-Richtung aus einer Isanomalen-Karte. So berechnet schließlich Kasansky die *gravimetrischen Lotabweichungen* ξ *und* η nach folgender Formel:

$$\begin{aligned} \xi'' &= -0{,}''105\, r_0 \frac{\partial \Delta g}{\partial x} + 0{,}''001 \left\{\sum_S \Delta g - \sum_N \Delta g\right\}, \\ \eta'' &= -0{,}''105\, r_0 \frac{\partial \Delta g}{\partial y} + 0{,}''001 \left\{\sum_W \Delta g - \sum_O \Delta g\right\} \end{aligned} \tag{30}$$

$\left.\begin{matrix}\frac{\partial \Delta g}{\partial x} \\ \frac{\partial \Delta g}{\partial y}\end{matrix}\right\}$ ist bei nach $\left\{\begin{matrix}\text{Norden} \\ \text{Osten}\end{matrix}\right\}$ ansteigender Anomalie positiv.

Die Zeichen $\sum\limits_{S}, \sum\limits_{N}, \sum\limits_{W}, \sum\limits_{O}$ deuten an, daß die Summation über die südlich, nördlich, westlich und östlich gelegenen Sektorenabschnitte zu erstrecken ist. Bei KASANSKY [3] wird die Einteilung der die einzelnen Sektoren begrenzenden Radien so gewählt, daß die Unterschiede der Sinuswerte von je zwei aufeinanderfolgenden Radien konstant ist.

RICE [7] geht anders vor. Bei ihm hat der Öffnungswinkel der Sektoren den konstanten Betrag von 10°.

Weil die Schwereanomalien nicht auf der ganzen Erdoberfläche bekannt sind, kann man bei der Auswertung nach (30) eine weitere Näherung nicht umgehen. Die Näherung besteht in der Vernachlässigung der Wirkung sehr entfernter Gebiete; denn ihr Einfluß ist sehr gering im Vergleich mit der Auswirkung der Schwereanomalien sehr naher Gebiete.

Als Genauigkeit der gravimetrisch bestimmten absoluten Lotabweichungen wird $\pm 1''$ und genauer angegeben.

Es ist jedenfalls damit zu rechnen, daß auf Grund der in den letzten Jahrzehnten erheblich verbesserten Technik der astronomischen Ortsbestimmungen und auf Grund der in den letzten Jahren entwickelten leistungsfähigen Gravimeter das Netz der astronomischen Lotabweichungen in naher Zukunft auf mehreren größeren Gebieten der Erde so eng sein wird, daß man astronomische Nivellements mit befriedigender Genauigkeit wird ausführen können, und daß wenigstens in den Zentralpunkten der astronomisch-geodätischen Netze gravimetrisch bestimmte absolute Lotabweichungen, die eine befriedigende Genauigkeit haben, vorhanden sein werden.

Die Schwereanomalien Δg werden für die Ableitung der gravimetrischen Lotabweichungen im allgemeinen nur mit der Freiluftreduktion versehen.

Wir gehen nun zur Heranziehung gravimetrisch bestimmter absoluter Lotabweichungen für die Bearbeitung astronomisch-geodätischer Systeme über.

Wir betrachten den Fall, daß im Zentralpunkt und nur im Zentralpunkt auf gravimetrischem Wege die absolute Lotabweichung bekannt sei, und daß mit dieser gravimetrischen Lotabweichung im Zentralpunkt die Geoidundulationen N_i des Geoids berechnet worden seien. Der Zentralpunkt habe die geographischen Koordinaten

$$\lambda = \lambda_0 \quad \text{und} \quad \varphi = \varphi_0$$

Weil die absolute Lotabweichung für den Zentralpunkt gegeben ist, empfiehlt es sich, die folgenden zwei Bedingungsgleichungen für die Unbekannten des Minimumsprinzips (24)

$$dt_x,\, dt_y,\, dt_z,\, da,\, d\varepsilon$$

mit zu berücksichtigen. Es darf dann nämlich im Zentralpunkt die absolute Lotabweichung durch die Veränderung der Geoidundulationen nach dem Prinzip (24) nicht beeinflußt werden.

$$d\varphi'' \quad \text{und} \quad d\lambda''$$

müssen also für den Zentralpunkt gleich Null sein.

$$d\varphi_0'' = 0 \qquad d\lambda_0'' = 0 \tag{31}$$

Lassen wir den Ausgangsmeridian der Längenzählung durch den Zentralpunkt gehen, so ist

$$\lambda_0 = 0° \tag{32}$$

und wir erhalten aus (21) und (22) folgende Bedingungsgleichungen:

$$0 = -\,dt_x + \operatorname{ctg}\varphi_0\, dt_z + \cos\varphi_0\, e'^2\, da + 2\,\frac{1}{\varkappa_{1.0}}\,\cos\varphi_0 \left\{1 + \frac{1}{2}\, e'^2 (-\,3 + \cos^2\varphi_0)\right\} d\varepsilon \tag{33}$$

$$0 = dt_y \tag{34}$$

Es ist in (33)

$$\varkappa_{1.0} = 1 + \frac{1}{2}\, e'^2 (3\cos^2\varphi_0 - 1)$$

Diese Gleichungen tragen wir in (20) ein, und wir bekommen folgende Gleichung:

$$
\begin{aligned}
dN = & \{\cos\lambda\cos\varphi\operatorname{ctg}\varphi_0 + \sin\varphi\}\, dt_z \\
& - \left\{1 - \frac{1}{2}e'^2(2\cos\lambda\cos\varphi\cos\varphi_0 + \sin^2\varphi)\right\} da \\
& + \left\{+ 2\cos\lambda\cos\varphi\cos\varphi_0 + \sin^2\varphi - \frac{1}{2}e'^2\langle 4\cos\lambda\cos\varphi\cos\varphi_0(1+\cos^2\varphi_0)\right. \\
& \left. + \sin^2\varphi(3+\cos^2\varphi)\rangle\right\} d\varepsilon
\end{aligned} \tag{35}
$$

Gleichung (35) versagt, wenn der Zentralpunkt in der Nähe des Äquators liegt, weil dann $\operatorname{cotg}\varphi_0$ sehr groß wird. Liegt die gravimetrische Lotabweichung in der Nähe des Äquators, so führen wir statt dt_z besser dt_x in die Verbesserungsgleichung ein.

Wir erhalten dann folgende Gleichung:

$$
\begin{aligned}
dN = & (\cos\varphi\cos\lambda + \sin\varphi\operatorname{tg}\varphi_0)\, dt_x \\
& - \left\{1 - \frac{1}{2}e'^2\sin\varphi(\sin\varphi - 2\sin\varphi_0)\right\} da \\
& + \sin\varphi\left[\sin\varphi - 2\sin\varphi_0 - \frac{1}{2}e'^2\{\sin\varphi(3+\cos^2\varphi) - 4\sin\varphi_0(1+\cos^2\varphi_0)\}\right] d\varepsilon
\end{aligned} \tag{35 a}
$$

Unter Umständen kann es von Wert sein, das vorliegende Problem strenger zu fassen. Wir werden dann die Änderungen $d\varphi_0''$ und $d\lambda_0''$ der absoluten Lotabweichung im Zentralpunkt nicht gleich Null setzen; denn dann würden wir der absoluten Lotabweichung das Gewicht $p = \infty$ geben. Ein unendlich großes Gewicht kommt den Komponenten der absoluten Lotabweichung aber nicht zu; denn sie sind auf Grund der Art ihrer Bestimmung mit Beobachtungsfehlern behaftet.

Es sei aber darauf hingewiesen, daß man hierbei mit äußerster Gewissenhaftigkeit vorgehen muß, wenn nicht die gravimetrischen Lotabweichungen durch die Ausgleichung verfälscht werden sollen. [Es werden ja keineswegs nur zufällige Fehler der Methode der kleinsten Quadrate unterworfen, sondern auch „Fehler der Theorie" (Geoidundulationen).]

Aus dem gravimetrischen Beobachtungsmaterial habe sich für

$$
\begin{aligned}
& d\varphi_0'' \text{ der mittlere Fehler } m_\varphi'' \\
\text{und für} \quad & \\
& d\lambda_0'' \text{ der mittlere Fehler } m_\lambda''
\end{aligned} \tag{36}
$$

ergeben. Für das allgemeine Minimumsprinzip wollen wir dann folgenden Ansatz benutzen:

$$
\sum_i (N_i + dN_i)^2 \frac{c_2}{m_N^2} + d\varphi_0''^2 \frac{c_2}{m_\varphi''^2} + d\lambda_0''^2 \frac{c_2}{m_\lambda''^2} \longrightarrow \text{Minimum} \tag{37}
$$

c_2 ist in (37) eine willkürliche Konstante. m_N könnten wir als den quadratischen Mittelwert der N_i vor der Anwendung des Prinzips (24) bestimmen:

$$
m_N^2 \cong \frac{1}{n}\sum_{i=1}^{n} N_i^2 \tag{38}
$$

Aus (38) erhalten wir m_N^2 immer etwas zu groß, weil die Summe $\sum_{i=1}^{n} N_i^2$ durch die Anwendung des Minimumsprinzips im allgemeinen erheblich vermindert werden wird. Besser wäre es wohl, statt (38) zu setzen

$$
m_N^2 \cong \frac{1}{n}\sum_{i=1}^{n}(N_i - c_3)^2 \qquad \text{mit} \quad c_3 = \frac{1}{n}\sum_{i=1}^{n} N_i \tag{38 a}
$$

In (38a) haben wir die systematische Beeinflussung von m_N^2 durch das vor dem Minimumsprinzip gewählte willkürliche Bezugssystem (Referenzellipsoid, Geoidundulation und Lotabweichung im Zentralpunkt) in hohem Maße ausgeschaltet. Gegebenenfalls werden wir auch aus anderen wissenschaftlichen Bearbeitungen m_N^2 abschätzen können. Auf jeden Fall werden wir nach der Durchführung des Minimumsprinzips (24) den Wert von m_N^2, nämlich $\overline{m}_N^2$, berechnen.

Differiert $\overline{m}_N^2$ erheblich von dem Wert für m_N^2, der bei der Variation der Geoidundulationen nach (24) benutzt worden war, so wird eine Zweitberechnung mit $\overline{m}_N^2$ notwendig. Setzen wir

$$c_2 = m_N^2 ,$$

so resultiert folgendes Minimumsprinzip:

$$\sum_i (N_i + dN_i)^2 + d\varphi_0''^2 \frac{m_N^2}{m_\varphi''^2} + d\lambda_0''^2 \frac{m_N^2}{m_\lambda''^2} \longrightarrow \text{Minimum} \tag{39}$$

Ist man zu einer Zweitberechnung mit $\overline{m}_N^2$ genötigt, so hat man dann diese Minimumsbedingung:

$$\sum_i (N_i + dN_i)^2 + d\varphi_0''^2 \frac{\overline{m}_N^2}{m_\varphi''^2} + d\lambda_0''^2 \frac{\overline{m}_N^2}{m_\lambda''^2} \longrightarrow \text{Minimum} \tag{39a}$$

Man muß bei der Zweitberechnung also nur die Gewichte in den beiden Verbesserungsgleichungen für $d\varphi_0''$ und $d\lambda_0''$ ändern.

V. Kapitel

Bei der Bedingung (24) wurde vorausgesetzt, daß die Geoidundulationen N_i gleichmäßig über die Erdoberfläche verteilt sind. Das heißt: Jedes N_i ist für eine gleichgroße Fläche Δf repräsentativ, indem N_i die mittlere Höhe des Geoids über dem Ellipsoid im Bereich dieses Flächenstückes Δf ist. So kann man (24) auch folgende Gestalt geben:

$$\sum_i (N_i + dN_i)^2 \Delta f \longrightarrow \text{Minimum} \tag{40}$$

Es entsteht die Frage, wie die Bedingung (24) abgeändert werden muß, wenn die N_i sich auf verschieden große Flächenstücke ΔF_i beziehen.

Wir können dann die Flächenstücke ΔF_i als Vielfache eines kleineren Flächenstückes Δf_1 von bestimmter, konstanter Größe auffassen.

$$\Delta F_i = i\, \Delta f_1 \tag{41}$$

Mit den Mittelwerten von N für die Flächenstücke von der Größe Δf_1 — nämlich $N_{1.i}$ — gilt zunächst nach (40)

$$\sum_i (N_{1.i} + dN_{1.i})^2 \Delta f_1 \longrightarrow \text{Minimum} \tag{42}$$

Weil die Werte $N_{1.i}$ innerhalb der Flächenstücke ΔF_i als konstant angesehen werden können, ergibt sich aus (42), indem ΔF_i i-mal Δf_1 enthält:

$$\sum_i (N_i + dN_i)^2 \Delta F_i \longrightarrow \text{Minimum} \tag{43}$$

N_i ist in (43) für ΔF_i repräsentativ.

Tragen wir (41) in (43) ein, so erhalten wir

$$\sum_i (N_i + dN_i)^2 \cdot \Delta f_1 \longrightarrow \text{Minimum} \tag{44}$$

Aus (44) ergibt sich, wegen der Konstanz von Δf_1

$$\sum_i (N_i + dN_i)^2 \cdot i \longrightarrow \text{Minimum} \tag{45}$$

i ist proportional der Flächengröße ΔF_i:

$$i = c_1 \cdot \Delta F_i , \tag{46}$$

wobei c_1 eine beliebige Konstante ist [vgl. (41)].

So erhalten wir schließlich folgende Minimumsbedingung, wenn N_i der Mittelwert bezüglich von Flächenstücken unterschiedlicher Größe ist:

$$\sum_i (N_i + dN_i)^2 c_1 \Delta F_i \quad \rightarrow \text{Minimum} \tag{47}$$

Die mittleren Höhen N_i sind also bei der Ausgleichung mit Gewichten zu versehen, die proportional der Flächengröße sind, für die N_i genommen ist.

In diesem Zusammenhang ist es von Wichtigkeit, auf der Erdoberfläche ein Koordinatennetz mit konstanter Maschengröße zu haben. Wir können hierfür einmal die Gauß-Krügerschen Gitternetzlinien auswählen. Weil aber z. B. die topographischen Karten durch Linien konstanter geographischer Breite (φ) und Länge (λ) begrenzt werden, wird es von Bedeutung sein, auf dem Erdellipsoid ein Koordinatennetz mit konstanter Maschengröße, das durch Linien $\varphi =$ konst. und $\lambda =$ konst. gebildet wird, zu haben.

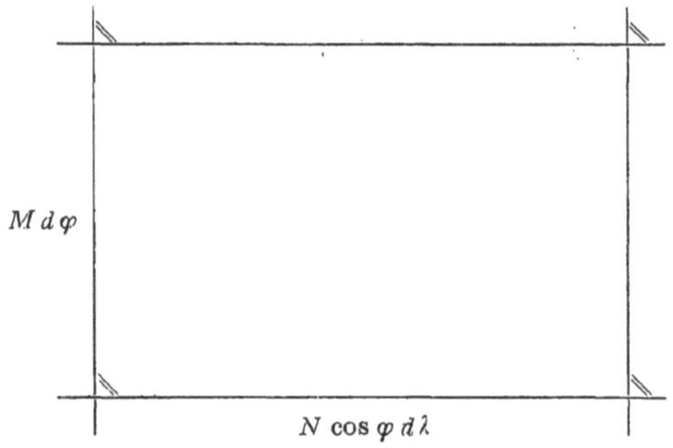

Bild 4

Eine infinitesimale Masche des Netzes der geographischen Koordinatenlinien (vgl. Bild 4) kann als infinitesimales Rechteck mit den Seitenlängen $M d\varphi$ und $N \cos\varphi d\lambda$ aufgefaßt werden. M ist der Krümmungsradius des Meridians, N ist der Querkrümmungsradius. Der Flächeninhalt — df — der Masche ist also

$$df = MN \cos\varphi \, d\varphi \, d\lambda \tag{48}$$

Die Größe Δf der Masche zwischen den geographischen Längen λ_1 und λ_2 und den geographischen Breiten φ_1 und φ_2 (vgl. Bild 5) ergibt sich zu

$$\Delta f = \int_{\lambda=\lambda_1}^{\lambda_2} \int_{\varphi=\varphi_1}^{\varphi_2} MN \cos\varphi \, d\varphi \, d\lambda = c^2 \Delta\lambda \int_{\varphi=\varphi_1}^{\varphi_2} \frac{1}{V^4} \cos\varphi \, d\varphi \tag{49}$$

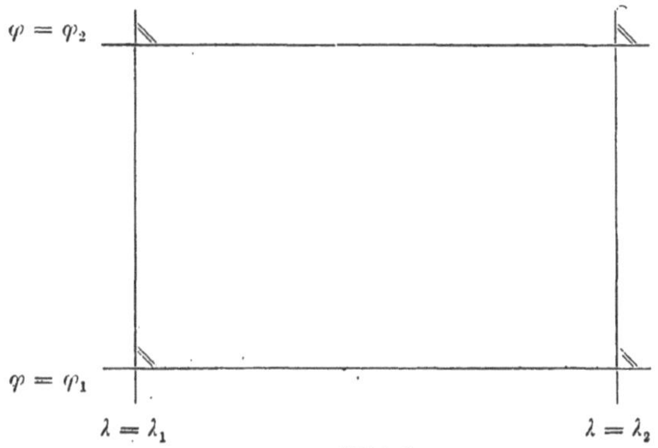

Bild 5

Wir setzen nun folgende Substitution an:

$$\frac{1}{V^4}\cos\varphi\, d\varphi = dQ \tag{50}$$

Q ist also eine Funktion von φ:

$$Q = Q(\varphi) \tag{51}$$

Durch Reihenentwicklung finden wir

$$\Delta Q = \sum_{n=1}^{\infty} q_n(\varphi_1)\,\Delta\varphi^n \tag{52}$$

$$\Delta\varphi = \sum_{n=1}^{\infty} \bar{q}_n(\varphi_1)\,\Delta Q^n \tag{53}$$

mit $\quad \Delta Q = Q_2 - Q_1, \qquad \Delta\varphi = \varphi_2 - \varphi_1$

$$q_n(\varphi_1) = \frac{1}{n!}\left\{\frac{d^n Q}{d\varphi^n}\right\}_{\varphi=\varphi_1} \tag{54}$$

$$\bar{q}_n(\varphi_1) = \frac{1}{n!}\left\{\frac{d^n \varphi}{dQ^n}\right\}_{\varphi=\varphi_1} \tag{55}$$

Es ergibt sich im einzelnen durch Differentiation, indem wir bis zu den Gliedern 3. Ordnung entwickeln und das letzte Glied rein sphärisch nehmen,

$$q_1(\varphi_1) = \frac{1}{V_1^4}\cos\varphi_1 \qquad q_2(\varphi_1) = \frac{1}{2}\,\frac{\sin\varphi_1}{V_1^6}\,(-1 + 3\eta_1^2) \qquad q_3(\varphi_1) = -\frac{1}{6}\cos\varphi_1 \tag{56}$$

$$\bar{q}_1(\varphi_1) = \frac{V_1^4}{\cos\varphi_1} \qquad \bar{q}_2(\varphi_1) = \frac{1}{2}\,\frac{V_1^6}{\cos^2\varphi_1}\,t_1(1 - 3\eta_1^2) \qquad \bar{q}_3(\varphi_1) = +\frac{1}{6}\,\frac{1 + 3t_1^2}{\cos^3\varphi_1} \tag{57}$$

Die Koeffizienten nach (56) und (57) entsprechen in mittleren Breiten einer Genauigkeit von ca. $0'',03 \approx 1$ m in $\Delta\varphi$ bei einem Breitenunterschied bis ungefähr $\Delta\varphi \cong 1°$ und sind daher allen praktischen Anforderungen gewachsen. Die Maschengröße ergibt sich nach (49) mit (50) zu

$$\Delta f = c^2\,\Delta\lambda\,\Delta Q \tag{58}$$

Bei der Bearbeitung astronomisch-geodätischer Netze nach (24) empfiehlt es sich, nach den oben gemachten Ausführungen Δf konst. zu halten.

$$\Delta f = \text{konst.} \tag{59}$$

Zur Vereinfachung erscheint es ferner ratsam, $\Delta\lambda$ im ganzen Gebiet als konstante Größe zu haben. Daraus folgt, bei gegebenem Δf und $\Delta\lambda$

$$\Delta Q = \text{konstant} = \frac{\Delta f}{c^2\,\Delta\lambda} \tag{60}$$

Der Breitenunterschied $\Delta\varphi$ ergibt sich dann nach (53) aus ΔQ. $\Delta\varphi$ ist bei konstantem ΔQ nicht konstant, sondern eine Funktion von φ_1.

Es ist ferner vorteilhaft, wenn die Gestalt der Maschen Δf sich möglichst weitgehend einem Quadrat nähert. Man wird dann etwa für den Schwerpunkt des zu bearbeitenden astronomisch-geodätischen Netzes die beiden Seitenlängen der Masche so bestimmen, daß sie gleich groß sind. Bei den vom Schwerpunkt weit entfernt liegenden Maschen werden dann auch die Seitenlängen in höchstmöglichem Maße gleich groß sein.

Es entsteht also das Problem, bei einem gegebenen Flächeninhalt Δf der Masche, für eine bestimmte Breite φ_1, $\Delta\varphi$ und $\Delta\lambda$ so zu bestimmen, daß die beiden Seitenlängen der Masche gleich groß sind.

Die Seitenlänge in der Nord—Süd-Richtung ist

$$\int_{\varphi_1}^{\varphi_2} M\,d\varphi$$

und die andere, dem Äquator zugewandte

$$N_1 \cos\varphi_1 \Delta\lambda$$

Die Bedingung lautet also

$$\int_{\varphi_1}^{\varphi_2} M\,d\varphi = N_1 \cos\varphi_1 \Delta\lambda \tag{61}$$

Die linke Seite der Gleichung (61) ist gleich der Meridianbogenlänge ΔB zwischen den Breiten φ_1 und φ_2.

Wir haben die bekannte Reihenentwicklung für die Meridianbogenlänge

$$\Delta B = \int_{\varphi_1}^{\varphi_2} M\,d\varphi = \sum_{n=1}^{\infty} m_n(\varphi_1)\,\Delta\varphi^n \tag{62}$$

mit

$$m_n(\varphi_1) = \frac{1}{n!}\left\{\frac{d^n B}{d\varphi^n}\right\}_{\varphi=\varphi_1} \tag{63}$$

Die ersten beiden Differentialquotienten lauten:

$$m_1 = \frac{c}{V_1^3} \qquad\qquad m_2 = \frac{3}{2}\,\frac{c\,\eta_1^2 t_1}{V_1^5} \tag{64}$$

Die Koeffizienten m_1 und m_2 beziehen sich auf eine Genauigkeit von ca. $\pm 0'',003 \approx \pm 0,1$ m in $\Delta\varphi$ bei $\Delta\varphi \approx 1°$.

So erhalten wir, indem wir in (61) Gleichung (62) hineintragen

$$\Delta\lambda = \frac{1}{N_1 \cos\varphi_1} \sum_{n=1}^{\infty} m_n(\varphi_1)\,\Delta\varphi^n \tag{65}$$

oder

$$\Delta\lambda = \sum_{n=1}^{\infty} \overline{m}_n(\varphi_1)\,\Delta\varphi^n \tag{66}$$

Mit den Abkürzungen

$$\overline{m}_n = \frac{1}{N_1 \cos\varphi_1}\, m_n \tag{67}$$

Es ist im einzelnen

$$\overline{m}_1 = \frac{1}{V_1^2}\,\frac{1}{\cos\varphi_1} \qquad\qquad \overline{m}_2 = \frac{3}{2}\,\frac{1}{V_1^4}\cdot\eta_1^2 t_1\cdot\frac{1}{\cos\varphi_1} \tag{68}$$

Die Umkehrung von (66) lautet:

$$\Delta\varphi = p_1\,\Delta\lambda + p_2\,\Delta\lambda^2 \tag{68a}$$

mit den Abkürzungen

$$p_1 = V_1^2 \cos\varphi_1 \qquad\qquad p_2 = -\frac{3}{2}\,V_1^2\,\eta_1^2\,t_1 \cos^2\varphi_1 \tag{68b}$$

Wir tragen die Bedingung (66) in die Gleichung (58) ein und erhalten mit (52)

$$\Delta f = c^2(\overline{m}_1\,\Delta\varphi + \overline{m}_2\,\Delta\varphi^2)\,(q_1\,\Delta\varphi + q_2\,\Delta\varphi^2 + q_3\,\Delta\varphi^3) \tag{69}$$

Wir lösen die Klammern auf und erhalten

$$\frac{\Delta f}{c^2} = \sum_{n=2}^{4} f_n \Delta\varphi^n \tag{70}$$

Die Koeffizienten f_n lauten

$$f_2 = \frac{1}{V_1^6} \qquad f_3 = -\frac{1}{2}\frac{t_1}{V_1^8}(1 - 6\eta_1^2) \qquad f_4 = -\frac{1}{6} \tag{71}$$

Wir bilden auf beiden Seiten der Gleichung (70) die Quadratwurzel und erhalten nach einfachen Umformungen

$$\sqrt{\frac{\Delta f}{c^2 f_2}} = \Delta\varphi \sqrt{1 + \frac{f_3}{f_2}\Delta\varphi + \frac{f_4}{f_2}\Delta\varphi^2} \tag{72}$$

Die rechte Seite der Gleichung (72) wird in eine Reihe entwickelt und wir erhalten

$$\sqrt{\frac{\Delta f}{c^2 f_2}} = \Delta\varphi(1 + c_1\Delta\varphi + c_2\Delta\varphi^2) \tag{73}$$

Mit den Koeffizienten

$$c_1 = -\frac{1}{4}\frac{t_1}{V_1^2}(1 - 6\eta_1^2) \qquad c_2 = -\frac{1}{12} - \frac{1}{32}t_1^2 \tag{74}$$

Die Umkehrung der Reihe (73) ergibt mit

$$w = \sqrt{\frac{\Delta f}{c^2 f_2}} \tag{75}$$

$$\Delta\varphi = w(1 + \dot{c}_1 w + \dot{c}_2 w^2) \tag{76}$$

Es ist

$$\dot{c}_1 = -c_1 \tag{77}$$

$$\dot{c}_2 = -c_2 + 2c_1^2 \qquad \text{(vgl. [9], S. 465 . . .)}$$

So erhalten wir schließlich

$$\Delta\varphi = \varrho''\bar{w}\left\{V_1^3 + \frac{1}{4}V_1^4 t_1(1 - 6\eta_1^2)\bar{w} + \left(\frac{1}{12} + \frac{5}{32}t_1^2\right)\bar{w}^2\right\} \tag{78}$$

mit

$$\bar{w} = \sqrt{\frac{\Delta f}{c^2}}$$

Um eine genähert quadratische Masche zu erhalten, müssen wir also bei gegebener Maschengröße Δf nach (78) $\Delta\varphi$ und dann nach (66) $\Delta\lambda$ errechnen.

Literaturverzeichnis

[1] HELMERT, Die mathematischen und physikalischen Theorien der höheren Geodäsie. I., II. Leipzig 1880, 1884.

[2] VENING-MEINESZ, A formula expressing the deflection of the plumb-line ... Proceedings of the Koninklijke Akademie van Wetenschappen te Amsterdam. Vol. XXXI, Nr. 3, 1928.

[3] KASANSKY, Ein praktischer Versuch der gravimetrischen Bestimmung der Lotabweichungen. Verhandlungen der Balt. Geod. Komm. Moskau 1934, 2, S. 388.

[4] KRASSOWSKY, Zur Frage der gemeinsamen Anwendung astronomisch-geodätischen und gravimetrischen Materials für die Bestimmung der Gestalt des Geoids. Verhandlungen der Balt. Geod. Komm. Helsinki 1936, S. 199.

[5] VENING-MEINESZ, Changes of deflections of the plumb-line brought about by a change of the reference-ellipsoid. Bull. Géod. 1950, S. 43.

[6] VENING-MEINESZ, On the basic principles of geodesy. Bull. Géod. 1951, S. 299.

[7] RICE, Deflections of the vertical from gravity anomalies. Bull. Géod. 1952, S. 285.

[8] SOLLINS, Tables for the computation of deflections of the vertical from gravity anomalies. Bull. Géod. 1947, S. 279.

[9] KÖNIG-WEISE, Mathematische Grundlagen der höheren Geodäsie und Kartographie. Erster Band, Springer-Verlag 1951, S. 465.

[10] VENING-MEINESZ, New formulas for systems of deflections of the plump-line and Laplace's theorem. Bull. Géod. 1950, S. 33.

[11] WOLF, Geoidvergleiche und absolute Lotabweichungen. Veröffentl. d. Deutschen Geod.-Komm., Reihe A, Nr. 5, 1952.

FSC
www.fsc.org
MIX
Papier | Fördert gute Waldnutzung
FSC® C083411

Kolibri 360 GmbH
Ferdinand-Jühlke-Straße 7
99095 Erfurt, Deutschland
produktsicherheit@kolibri360.de